章銘 等 編著

一國兩制

百問百答

中華教育

序言

　　承蒙中華書局抬愛，有機會參與編寫一本向香港特區中小學生介紹「一國兩制」基本知識的讀本。在撰寫書稿的過程中，一個問題一直在筆者頭腦中縈繞，那就是：「一國兩制」與香港這個地方，與中華人民共和國這個國家，與中國共產黨這個政黨，甚至與中華民族這個羣體，究竟是怎樣的關係呢？

　　問題貌似簡單，其實並不容易回答。筆者居港十幾年，與身邊朋友交流久了，發現好多人對上面幾種關係的認識並不準確。例如，把「一國兩制」和香港之間畫等號，彷彿香港就是「一國兩制」的全部，忘記了施行「一國兩制」的地方除了香港，還有澳門，以後還有台灣。又例如，把香港和中國並列起來談論所謂「中港關係」而絲毫不覺得有甚麼問題，儘管如果聽到「中京關係」（中國和北京）或是「中粵關係」（中國和廣東）則會倍感怪異，個中問題就在於把地區和國家並列是不正確、不妥當的表述。

　　上面的問題之所以存在，是由於我們的認知存在局限而造成的。人們習慣以自己所處的時代和地點為中心，去觀察事物和分析問題。同學們在香港出生和成長，看事情、想問題會以香港為中心，這是再自然不過的事情了。不過，對於超出香港範圍的很多問題和事物，如果還是以香港為坐標來去觀察和思考，就會難以看清不同事物之間的關係，看待事物就可能出現錯覺，研究問題就容易出現偏差。「不識廬山真面目，只緣身在此山中」，說的就是這樣的道理。

在相當長的歷史時期裏，人類一直認為其身處的地球就是宇宙的中心，後來隨着科學的進步，人類進而發現太陽是宇宙的中心。現在，眾所周知，這些關於宇宙的認識，都是不準確的。同樣的道理，身在香港的同學們，很容易只以香港為中心，用香港的視角觀察和分析「一國兩制」，時間一長，難免在認識上出現偏差。本書的撰寫初衷，也是本書和市面其他同類書籍略顯不同之處，便是希望幫助讀者，嘗試站在一些新的視角來認識「一國兩制」。例如，站在中華人民共和國的國家角度，站在中國共產黨的角度，或者站在中華民族的歷史長河中去觀察，嘗試「身在廬山外，以識廬山真面目」。

儘管初衷美好，但由於是初次編寫，水平有限，難免會有很多疏漏或不成熟的地方。其實，書稿中曾經寫出的一些問題，由於過於「成熟」，未必適合中小學生讀者閱讀和理解，只得暫時拿掉，因此在內容體系上留下些許缺憾。筆者期待讀者多提寶貴意見和建議，好讓這本書有機會和它所寫的主題以及和它所面對的讀者一樣，不斷成長。

編者
2023 年 11 月

目錄

第一章　了解我們的國家

第二章 「一國兩制」與基本法

「一國兩制」的歷史背景

「一國兩制」的創舉

目錄

第三章　特區的高度自治體現在甚麼方面？

行政方面

軍事與外交

第四章　香港居民根據基本法享有哪些權利和義務？

目錄

第五章 「一國兩制」的新發展

第一章

了解我們的國家

1 中華人民共和國是何時成立的?

1949 年 10 月 1 日,中華人民共和國開國大典在北京天安門廣場隆重舉行,中華人民共和國中央人民政府宣告成立。每年 10 月 1 日是我國的國慶紀念日,也常被習慣稱為國慶日或者國慶節。

2 中華人民共和國的性質是甚麼?

中華人民共和國是工人階級領導的、以工農聯盟為基礎的人民民主專政的社會主義國家。

3 中華人民共和國的國旗、國徽、國歌是甚麼?

根據《中華人民共和國憲法》第四章第一百四十一條和第一百四十二條,中華人民共和國的國旗是五星紅旗。中華人民共和國國徽中間是五星照耀下的天安門,周圍是穀穗和齒輪。中華人民共和國國歌是《義勇軍進行曲》。

▲ 中華人民共和國國旗

和國旗一樣的五星

穀穗

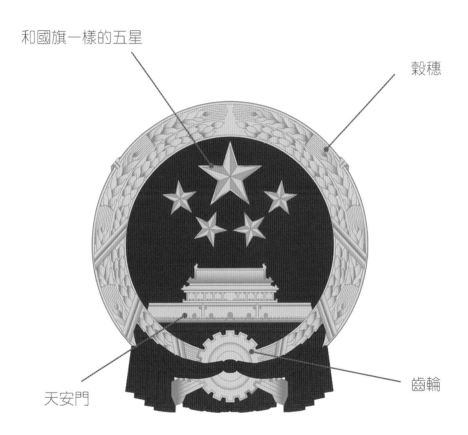

天安門

齒輪

▲ 中華人民共和國國徽

▲ 中華人民共和國國歌《義勇軍進行曲》

4　中華人民共和國的根本制度和根本政治制度是甚麼？

社會主義制度是中華人民共和國的根本制度。人民代表大會制度是中華人民共和國的根本政治制度。

5　中華人民共和國執政黨的名稱是甚麼？它是何時成立的？是甚麼性質的組織？

中華人民共和國的執政黨是中國共產黨。1921 年 7 月，中國共產黨第一次全國代表大會在上海開幕，宣告中國共產黨正式成立。現在，每年 7 月 1 日被確定為中國共產黨的成立紀念日，即「七一建黨節」。

關於中國共產黨的性質，《中國共產黨章程》開宗明義地講到，「中國共產黨是中國工人階級的先鋒隊，同時是中國人民和中華民族的先鋒隊，是中國特色社會主義事業的領導核心」。簡單概括，中國共產黨是中國逐漸淪為半殖民地半封建社會、面臨亡國滅種危機時誕生的政治組織，是致力於帶領中國人走中國特色社會主義道路的現代政黨，是把「為人民謀幸福、為民族謀復興」作為初心使命，把「全心全意為人民服務」當作根本宗旨的政治力量，是人民軍隊和中華人民共和國的締造者，是人民代表大會制度、中國特色多黨合作和政治協商制度、民族區域自治制度、「一個國家，兩種制度」等中國一系列重大制度的創立者和踐行者。中國共產黨是世界上最大的馬克思主義執政黨，是中國各項事業的領導核心。

6 中華人民共和國的領土有多大？香港特別行政區位於祖國的甚麼方位？

　　中華人民共和國國土總面積為 960 萬平方公里，包括中華人民共和國大陸及其沿海島嶼、台灣及其包括釣魚島在內的附屬各島、澎湖列島、東沙群島、西沙群島、中沙群島、南沙群島以及其他一切屬於中華人民共和國的島嶼。香港特別行政區位於中華人民共和國的東南部。

香港特別行政區

南海諸島

7　中華人民共和國的最高國家權力機關是？

　　全國人民代表大會（全國人大）是中華人民共和國的最高國家權力機關，它的常設機關是全國人民代表大會常務委員會（全國人大常委會）。全國人民代表大會和全國人民代表大會常務委員會行使國家立法權。全國人民代表大會由省、自治區、直轄市、特別行政區和軍隊選出的代表組成。全國人民代表大會每屆任期五年，一般每年召開一次全體會議。全國人大常委會每屆任期和全國人大相同[1]，一般每兩個月舉行一次會議。

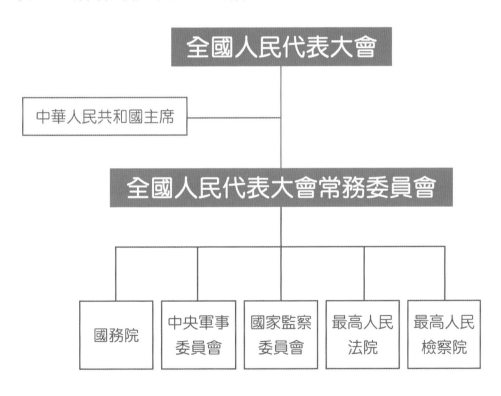

1　全國人大常委會每屆任期雖然和全國人大相同，但兩者任期的起止時間不同。憲法規定，全國人大常委會「行使職權到下屆全國人民代表大會選出新的常務委員會為止」。這就是説，前一屆的全國人大常委會的任期要延續到新一屆的全國人大常委會產生時為止。——編者註

8 中華人民共和國的最高國家行政機關是？

中華人民共和國國務院，即中央人民政府，是最高國家權力機關的執行機關，是最高國家行政機關，由總理、副總理、國務委員、各部部長、各委員會主任、審計長、祕書長組成。國務院實行總理負責制。各部、各委員會實行部長、主任負責制。

9 中華人民共和國主席有哪些職權？

作為中華人民共和國的代表，中華人民共和國主席的職權大致可分為兩方面：

1. 內政：根據全國人民代表大會的決定和全國人民代表大會常務委員會的決定，公佈法律，任免國務院總理、副總理、國務委員、各部部長、各委員會主任、審計長、祕書長，授予國家的勳章和榮譽稱號，發佈特赦令，宣佈進入緊急狀態，宣佈戰爭狀態，發佈動員令。

2. 外交：代表中華人民共和國進行國事活動，接受外國使節。中華人民共和國主席根據全國人大常委會決定，派遣和召回駐外全權代表，批准和廢除同外國締結的條約和重要協定。

10 人民代表大會制度是甚麼樣的制度？

作為我國的根本政治制度，人民代表大會制度指的是在中國共產黨領導下、以人民選舉產生的人民代表大會為基礎的整個政權體系和組織制度，是包括各級人大以及由它產生的其他國家機關的組成、職權、活動原則和相互關係的一整套制度，從中能夠集中反映出中國共產黨與人大、人大與人民、中央與地方國家機構等重大的政治關係。人民代表大會制度是我國政權的組織形式：按照法定程序，由選區選民或者選舉單位通過民主選舉，產生各級人大代表，組成各級人民代表大會，即國家權力機關，再由其產生其他國家機關。各個國家機關以及中央與地方之間合理劃分職能，從而保證國家的各項工作有序進行。中國共產黨作為執政黨，主要是通過人民代表大會這一制度體系對國家事務實行領導。

全國人民代表大會的職能

立法權

◆ 修改憲法
◆ 制定和修改其他法律

任免權

選舉、決定和罷免國家機關的主要成員

決定權

決定國家重大事項，比如審查和批准國家預算案，決定特別行政區的設立及其制度，決定戰爭與和平問題等

監督權

◆ 憲法的實施
◆ 其他國家機構的運作

11　甚麼是中國人民政治協商會議？

中國人民政治協商會議（人民政協）是由中國共產黨、各民主黨派、無黨派民主人士、人民團體、各少數民族和各界代表、香港特別行政區人士、澳門特別行政區人士、台灣同胞和歸國僑胞的代表以及特別邀請的人士組成。它是中國人民愛國統一戰線的組織，是中國共產黨領導的多黨合作和政治協商的重要機構，是我國政治生活中發揚協商民主的重要渠道和專門機構，已經成為國家治理體系的重要組成部分，是具有中國特色的制度安排。中國人民政治協商會議的主要職能是政治協商、民主監督、參政議政。

中國人民政治協商會議設有全國委員會（全國政協）和地方委員會。其中，全國政協由中國共產黨、各民主黨派、無黨派人士、人民團體、各少數民族和各界的代表，港澳台同胞和歸國僑胞的代表以及特別邀請的人士組成，每屆任期五年。

12　人民代表大會和中國人民政治協商會議有甚麼異同？

人民代表大會和中國人民政治協商會議的機構設置，都體現了我國的人民民主專政的國家性質，都體現出了中國特色社會主義民主。二者都要接受中國共產黨的領導。

人民代表大會和人民政協主要有三點區別。一是性質不同：人大是國家機構，政協是愛國統一戰線的組織，不是國家機構。二是職能不同：人大是國家權力機關，有權決定國家和地方的重大事務，有權組織其他國家機關，並對其進行有法律約束力的監督；政協的職能主要是政治協商、民主監督和參政議政，其監督不具有法律約束力。三是組成方式不同。人大代表由選舉產生，包括直接選舉和間接選舉；政協委員不是選舉產生，而是通過協商產生。

13　我國的人大代表是怎樣產生的？

在中國內地，凡年滿 18 周歲的中華人民共和國公民，不分民族、種族、性別、職業、家庭出身、宗教信仰、教育程度、財產狀況、居住期限，都有選舉權和被選舉權；但是依照法律被剝奪政治權利的人除外。我國從中央到地方共有五級人大代表的選舉，分別採取直接選舉和間接選舉的辦法。其中：縣級（包括縣、自治縣、不設區的市和市轄區）和鄉級（包括鄉、民族鄉和鎮）兩級人大代表，採取直接選舉的辦法產生，具體做法是將縣和鄉兩級行政區域劃分為若干選區，由選區的選民直接投票選舉產生縣、鄉兩級人大代表。全國人大代表，省級（包括省、自治區、直轄市）人大代表，設區的市和自治州人大代表採用間接選舉的方式產生，具體辦法是由下級人民代表大會開會選舉出上級人大代表。

香港、澳門回歸後，根據兩個特別行政區的實際情況，成立香港、澳門特別行政區全國人大代表選舉會議，在全國人大常委會的主持下選舉產生全國人大代表。香港第九屆全國人大代表選舉會議由《全國人民代表大會關於香港特別行政區第一屆政府和立法會產生辦法的決定》中規定的第一屆政府推選委員會委員中的中國公民，以及不是推選委員會委員的香港特別行政區居民中的第八屆全國政協委員和香港特別行政區臨時立法會議員中的中國公民組成。澳門全國人大代表選舉會議的組成參照香港的做法，由第一屆政府推選委員會委員中的中國公民，沒有參加推選委員會的澳門地區第九屆全國人大代表，以及不是推選委員會委員的澳門特區居民中的全國政協委員和澳門特區立法會議員中的中國公民組成。

從第十屆全國人大代表選舉開始，港澳全國人大代表選舉辦法對選舉會議的構成都採取在上一屆選舉會議成員的基礎上，加入新的全國政協委員、行政長官選舉委員會委員和立法會議員等。考慮

到行政長官代表特別行政區，並負責執行基本法，從港澳選舉第十屆全國人大代表的辦法開始，規定行政長官為選舉會議成員。

　　制定港澳第十四屆全國人大代表選舉辦法時，考慮到香港、澳門的實際情況，對兩個選舉會議的構成作了不同的規定。關於香港選舉會議，香港選舉辦法規定，香港第十四屆全國人大代表選舉會議由香港特別行政區選舉委員會委員中的中國公民組成；行政長官為選舉會議成員。2021 年 3 月，全國人大作出關於完善香港特別行政區選舉制度的決定，全國人大常委會據此修訂了香港基本法附件一和附件二，重構了香港選舉委員會。香港選舉委員會具有廣泛代表性、體現社會整體和各界利益，以香港選舉委員會委員為主體組成選舉會議選舉香港特別行政區全國人大代表，可以充分體現「愛國者治港」，同時不超過 1500 人的規模也比較適當，結構更加優化。關於澳門選舉會議，考慮到以往的做法實踐證明是行之有效的，符合澳門的實際情況，因此仍然沿用往屆的構成方式。

14　中華人民共和國的行政區劃是怎樣劃分的？

　　中國憲法規定，中華人民共和國的行政區域劃分如下：

　　1.　全國分為省、自治區、直轄市；

　　2.　省、自治區分為自治州、縣、自治縣、市；

　　3.　縣、自治縣分為鄉、民族鄉、鎮。

　　直轄市和較大的市分為區、縣。自治州分為縣、自治縣、市。自治區、自治州、自治縣都是民族自治地方。國家在必要時得設立特別行政區。在特別行政區內實行的制度按照具體情況由全國人民代表大會以法律規定。

如此一來，我國內地的地方行政區劃屬於三級制和四級制並存。有的地方分為三級，例如廣東省－深圳市－羅湖區；有的地方分為四級，例如廣東省－揭陽市－普寧市－後溪鄉。日常生活中經常聽到的「街道」和「村」，不屬於一級行政區域。香港、澳門、台灣作為我國的省級行政區域，其下設的行政區劃在此不贅述。

目前中國有 34 個省級行政區，包括 23 個省、5 個自治區、4 個直轄市、2 個特別行政區。在歷史上和習慣上，各省級行政區都有簡稱，例如廣東省的簡稱是「粵」，福建省的簡稱是「閩」。省級人民政府的駐地稱為省會，例如廣州是廣東省的省會，福州是福建省的省會。中央人民政府所在地是首都，北京是中國的首都。

15 中華人民共和國一切法律制度的基礎是甚麼？

《中華人民共和國憲法》是中華人民共和國的根本大法，法理上擁有最高的法律效力，是中華人民共和國一切法律制度的基礎。

16. 中國內地有哪些民主黨派？它們的作用是甚麼？和中國共產黨是甚麼關係？

《中華人民共和國憲法》明確規定：中國共產黨領導的多黨合作和政治協商制度將長期存在和發展。在中國，中國共產黨和各民主黨派都必須以憲法為根本活動準則，維護憲法尊嚴，保證憲法實施。

中國多黨合作制度中包括中國共產黨和八個民主黨派。八個民主黨派分別是中國國民黨革命委員會、中國民主同盟、中國民主建

國會、中國民主促進會、中國農工民主黨、中國致公黨、九三學
社、台灣民主自治同盟。在中國多黨合作制度中，中國共產黨與各
民主黨派長期共存、互相監督、肝膽相照、榮辱與共，共同致力於
建設中國特色社會主義，形成了「共產黨領導，多黨派合作；共產
黨執政，多黨派參政」的基本特徵。中國多黨合作制度在中國的政
治和社會生活中顯示出獨特的政治優勢和強大的生命力，發揮了不
可替代的重大作用。

第二章

「一國兩制」與基本法

「一國兩制」的歷史背景

17　香港問題在歷史上是怎樣形成的？

　　香港問題是英帝國主義侵略中國產生的歷史遺留問題。香港自古以來就是中國領土。秦代時期，香港歸屬南海郡番禺縣管轄；直到清代道光年間，中國政府始終對香港行使主權。19 世紀開始，英國為擴大海外貿易而加緊了對中國的侵略活動，香港成為其蓄謀吞併的目標。1840－1842 年和 1856－1860 年，英國政府兩次發動侵略中國的鴉片戰爭，迫使清政府把香港島和九龍割讓給英國。1898 年，英國政府又強行租借「新界」地區，由此侵佔了整個香港地區。

　　英帝國主義強加的上述不平等條約是侵略中國的產物，中國人民和辛亥革命後歷屆中國政府從來不予承認。中國作為第一次世界大戰的戰勝國，北洋政府派代表參加 1919 年召開的巴黎和會以及 1921 年舉行的華盛頓會議，就香港問題提出交涉，但接連受挫。第二次世界大戰期間，英國政府在日軍佔領香港之後聲明願意同中國商討廢除不平等條約問題，雙方 1942 年 10 月起舉行談判，但蔣介石和國民黨政府在關鍵時刻改變立場，談判草草收尾。1945 年 8 月 15 日，日本宣佈投降，英國政府旋即派艦隊火速趕往香港。美國總統此時又公開表示「理解」，「尊重」英國在香港問題上的立場，不反對英國重佔香港。受制於美國的國民黨政府不得不撤回派中國軍隊赴港接受日本投降的命令，收回香港的計劃再次失敗。於是，解決香港問題、洗刷民族恥辱的使命任務，歷史性地落在了中國共產黨和中華人民共和國政府的肩上。

18 歷史遺留的香港問題後來是如何解決的？

1949 年中華人民共和國成立後，中國政府關於香港問題的一貫立場是：香港是中國的領土，中國不承認帝國主義強加的三個不平等條約；主張在適當時機通過談判解決這一問題，未解決前暫時維持現狀。1978 年 12 月，中國共產黨召開十一屆三中全會，此後用「一國兩制」的辦法解決台港澳問題的構想開始形成並不斷完善。而此時，香港「新界」租期屆滿日趨臨近，英國方面開始不斷試探中國政府關於解決香港問題的立場和態度。解決香港問題的時機已經成熟。

1982 年 9 月，鄧小平會見來訪的英國首相戴卓爾夫人（Margaret Thatcher），全面闡明了中國政府對香港問題的基本立場，揭開中英就香港問題談判的序幕。經過兩年多的艱苦談判，1984 年 12 月 19 日，兩國政府首腦正式簽署了中英關於香港問題的聯合聲明，確認中華人民共和國政府於 1997 年 7 月 1 日起恢復對香港行使主權。1997 年 6 月 30 日午夜至 7 月 1 日凌晨，舉世矚目的中英兩國政府香港政權交接儀式在香港隆重舉行；1997 年 7 月 1 日零點整，中華人民共和國國旗和香港特別行政區區旗在政權交接儀式現場徐徐升起，標誌着中國政府對香港恢復行使主權。當日，香港特別行政區政府成立，香港基本法開始實施。至此，歷史上遺留下來的香港問題得以解決，香港進入了「一國兩制」、「港人治港」、高度自治的新的歷史時期。

19　英國侵佔香港，與清政府簽署了哪幾個條約？

　　1842 年 8 月 29 日，英國強迫清政府簽訂中國近代史上第一個不平等條約——《南京條約》（又稱《江寧條約》），割佔香港島。第二次鴉片戰爭後，英國迫使清政府於 1860 年 10 月 24 日簽訂《北京條約》，割佔九龍半島南端界限街以南的地區。中日甲午戰爭後，英國政府趁火打劫，強迫清政府於 1898 年 6 月 9 日簽訂《展拓香港界址專條》（俗稱「新界租約」），強行租借九龍半島界限街以北、深圳河以南的地區以及 200 多個島嶼，租期 99 年。

　　上述三個條約是英帝國主義侵略中國的產物，是赤裸裸的不平等條約。中國人民和辛亥革命後歷屆中國政府從來不予承認。

▲ 西方畫家描繪《南京條約》簽訂的情景

20　香港回歸前的過渡期，中國政府做了些甚麼？

　　1984 年 12 月 19 日，中英兩國政府在北京正式簽署《中華人民共和國政府和大不列顛及北愛爾蘭聯合王國政府關於香港問題的聯合聲明》（《中英聯合聲明》），並於 1985 年 5 月 27 日正式生效，標誌着香港進入了回歸祖國的過渡時期。在為期 13 年的過渡期內，中國政府主要做了以下三方面重要工作：

▲ 1984 年《中英聯合聲明》簽署

1.　制定香港基本法，為香港特別行政區提供法律基礎和制度保障。1985 年，全國人大決定成立香港特別行政區基本法起草委員會，負責基本法的起草工作。在 59 名基本法起草委員會委員中，有安子介、費彝民、包玉剛等 23 名香港知名人士。經過 4 年多的努力，1990 年 4 月 4 日，第七屆全國人大第三次會議通過了《中華人民共和國香港特別行政區基本法》（香港基本法），是香港特別行政區的憲性制文件，它以法律的形式，訂明「一國兩制」、「港人治港」和高度自治等重要理念，以及在香港特別行政區實行的各項制度。鄧小平對香港基本法的誕生給予了高度評價，稱讚

其是「一部具有歷史意義和國際意義的法律」,「是一個具有創造性的傑作」。

2. 組織籌備成立特別行政區。香港基本法頒佈後,中國政府着手籌備成立香港特別行政區的工作。1993年7月,全國人大常委會設立香港特別行政區籌備委員會預備工作委員會(預委會)。1996年1月,全國人民代表大會香港特別行政區籌備委員會(籌委會)成立。預委會和籌委會為實現香港平穩過渡和政權順利交接做了大量工作。1996年3月,籌委會決定設立臨時立法會,為確保香港特別行政區的正常運作制定必不可少的法律和必要的人事安排。1996年11月,籌委會成立了香港特別行政區第一屆政府推選委員會,之後由推選委員會先後選舉產生香港特別行政區第一任行政長官人選和香港特別行政區臨時立法會的60名議員。

3. 就香港政權交接問題與英方進行鬥爭交涉。1992年,英國政府派彭定康(Christopher Francis Patten)出任香港總督,放棄與中國政府合作的態度,單方面提出包括香港1994年選舉安排在內的、對香港政治體制進行重大改變的「三違反」政改方案,為政權順利交接製造障礙。中國政府為此與英國政府舉行了17輪會談,談判最後因港英當局一意孤行而破裂。面對這種情況,全國人大常委會宣佈港英政府最後一屆立法局、市政局和區域市政局、區議會將於1997年6月30日終止,香港特別行政區屆時按照基本法和全國人大相關決定組織特區立法會和各區域組織。

4. 着手香港回歸祖國、成立特別行政區的各項準備工作。這方面的事務極其繁雜,有代表性的工作包括:針對新機場建設、香港人權法案、「居英權計劃」等英國政府及其港英當

局在撤離前製造的一個接一個的麻煩展開較量，逐一作出反制，維護國家利益和香港在回歸前後的繁榮安定。制定駐軍法，組建中國人民解放軍駐港部隊，籌備接管香港防務。籌備與香港回歸有關的一系列重大活動，包括中英兩國政府香港政權交接儀式、中華人民共和國香港特別行政區成立暨特區政府宣誓就職儀式，以及中華人民共和國香港特別行政區成立慶典，等等。

值得記憶的還有，在臨近香港回歸祖國的那段日子裏，全國各地都開展了多種多樣的慶祝活動，充分而又真實的體現了中國政府和全國人民對「一國兩制」的真心擁護和對香港回歸的激動心情。

「一國兩制」的創舉

21 甚麼是「一國兩制」？

「一國兩制」，即「一個國家，兩種制度」，是中國政府為實現國家和平統一而提出的基本國策。按照鄧小平的論述，「一國兩制」是指在一個中國的前提下，國家的主體堅持社會主義制度，香港、澳門、台灣保持原有的資本主義制度長期不變。

22 「一國兩制」的構想是如何形成的？

「一國兩制」這一構想，從正式提出到最終確立有一個不斷發展的過程，大致經歷了以下幾個階段：

年份	過程
20 世紀 50 年代	中國政府已經提出和平統一的主張。
1955 年 5 月	周恩來總理提出：「中國人民願意在可能的條件下，爭取用和平的方式解放台灣。」
1960 年 5 月	毛澤東主席提出，台灣只要回歸祖國，除外交必須統一於中央外，所有軍政大權、人事安排大權均由台灣當局掌握。這可以說是「和平統一、一國兩制」的雛形。
1979 年 1 月	鄧小平提出了「一國兩制」的構想，指出「只要台灣回歸祖國，我們尊重那裏的現實和現行制度。」
1981 年 9 月 30 日	葉劍英委員長正式發表關於大陸和台灣實現和平統一的九條方針政策，提出：「國家實現統一後，台灣可作為特別行政區，享有高度的自治權，並可保留軍隊。中央政府不干預台灣的地方事務 —— 台灣現行社會、經濟制度不變，生活方式不變，同外國的經濟、文化關係不變。」
1982 年	全國人民代表大會第五次會議通過的《中華人民共和國憲法》，增加了設立特別行政區的規定，為「一國兩制」的實施提供了法律依據。
1984 年 12 月 19 日	中英雙方簽署《中英聯合聲明》，聲明中體現了「一國兩制」各項基本方針政策。

23 「一國兩制」在憲法上有甚麼依據？

我國憲法第三十一條規定：「國家在必要時得設立特別行政區。在特別行政區內實行的制度按照具體情況由全國人民代表大會以法律規定。」這是「一國兩制」在憲法上的直接依據。憲法第六十二條還規定，全國人民代表大會的職權包括「決定特別行政區的設立及其制度」。

依據憲法上述規定，1990 年 4 月 4 日，第七屆全國人民代表大會第三次會議通過了《全國人民代表大會關於設立香港特別行政區的決定》以及《中華人民共和國香港特別行政區基本法》，明確自 1997 年 7 月 1 日起設立香港特別行政區及其設立後實行的各種制度。

24 設立香港特別行政區，實行「一國兩制」的目的和宗旨是甚麼？

「一國兩制」作為一項科學構想，最初是針對解決台灣問題而提出的，但首先在香港變為現實。實行「一國兩制」的初心，是為了妥善處理歷史上遺留下來的香港問題、澳門問題以及台灣問題，確保香港、澳門和台灣地區順利回歸祖國，從而和平實現國家完全統一。香港特別行政區實行「一國兩制」，根本宗旨在於維護國家主權、安全、發展利益，保持香港長期繁榮穩定。

25 為甚麼說「一國兩制」是一個創舉？

按照傳統的理論和模式，一個主權國家內只實行一種社會制度。但「一國兩制」突破了這個固有模式，令社會主義和資本主義兩種制度在一個社會主義國家內同時並存，相互促進，共同發展。這一構想是獨創性的，過往沒有可借鑒的先例，因此可以說它是一項偉大的創舉。

26 如何理解「一國」和「兩制」之間的關係？

「一國兩制」是一個完整的概念，如何做到全面準確理解，關鍵在於準確把握好「一個國家」和「兩種制度」的關係。其核心要義在於，無論是「一國」和「兩制」之間、還是「兩制」彼此之間，都不是平起平坐的平等關係，而是有前後之序、主次之別、上下之分的。這既是「一國兩制」方針政策的應有之意，也是回顧、總結香港特別行政區「一國兩制」實踐經驗得出的深刻啟示。

對於這個問題，習近平主席有過非常全面的精彩論述，他在2017年視察香港期間講到：「『一國』是根，根深才能葉茂；『一國』是本，本固才能枝榮。」「一國兩制」的提出首先是為了實現和維護國家統一。在中英談判時期，我們就旗幟鮮明地提出主權問題不容討論，香港回歸後我們更要堅定維護國家主權、安全、發展利益。在具體實踐中，必須牢固樹立「一國」意識，堅守「一國」原則，正確處理特別行政區和中央的關係。任何危害國家主權安全、挑戰中央權力和香港特別行政區基本法權威、利用香港對內地進行滲透破壞的活動，都是對底線的觸碰，都是絕不能允許的。與此同時，在「一國」的基礎之上，「兩制」的關係應該也完全可以做到和

諧相處、相互促進。要把堅持「一國」原則和尊重「兩制」差異、維護中央權力和保障香港特別行政區高度自治權、發揮祖國內地堅強後盾作用和提高香港自身競爭力有機結合起來,任何時候都不能偏廢。只有這樣,「一國兩制」這艘航船才能劈波斬浪、行穩致遠。

27 「一國兩制」下中央和香港特別行政區是怎樣的關係?

香港基本法第一條與第十二條規定:「香港特別行政區是中華人民共和國不可分離的部分」,「香港特別行政區是中華人民共和國的一個享有高度自治權的地方行政區域,直轄於中央人民政府」。

憲法和香港基本法規定的特別行政區制度是國家對某些區域採取的特殊管理制度。在這一制度下,中央擁有對香港特別行政區的全面管治權,既包括中央直接行使的權力,也包括授權香港特別行政區依法實行高度自治。對於香港特別行政區的高度自治權,中央具有監督權力。[2]

28 中國收回香港為甚麼叫「恢復行使主權」而不是「恢復主權」或「收回香港主權」?

香港自古屬於中國,其主權歸屬從未出現爭議,也沒有發生過變更。19 世紀 40 年代,香港因為英國政府的武力佔領而導致中國無法對其行使主權,但中國對香港擁有的主權並沒有因為英國的霸

---

2 《「一國兩制」在香港特別行政區的實踐》白皮書,2014 年 6 月 10 日。

佔而喪失。這既是中國歷屆政府的一貫立場和主張,也符合國際法上關於「非法行為不產生合法權利」的基本法理。因此,中國收回香港是對香港恢復行使主權,其他包括「恢復主權」,「主權回歸」或「收回主權」的說法是不準確或不妥當的,容易掩蓋英國非法侵佔香港這一問題的實質。

實際上,關於香港回歸的「主權」表述,經歷了一個從模糊到清晰的認識過程。在中英雙方關於香港前途問題進行談判的初期,中國政府領導人的講話和《人民日報》等官方媒體報道,曾經使用過「收回香港主權」,「移交主權」等說法,後經採納外交部法律專家的意見,相關表述逐漸規範。之後,按照《中英聯合聲明》,香港回歸的性質在表述上就是比較準確的了,也就是「收回香港地區」,「恢復行使主權」。

▲ 1997 年 6 月 30 日午夜至 7 月 1 日凌晨,中英兩國政府在香港舉行香港政權交接儀式

29 為甚麼說香港回歸以前不是英國的殖民地？

第一，「殖民地」往往指稱那些此前沒有主權歸屬或者歸屬不明確的地方，而香港本就是中國的領土只不過被英國政府非法侵佔，因此沒有成為殖民地的邏輯前提。

第二，「殖民地」顧名思義，是指移民墾殖之地，稱香港為殖民地並不符合英國佔領香港的初衷。1843 年 6 月，英國政府明確告知首任香港總督砵甸乍（Henry Pottinger），佔據香港島是出於外交、軍事和商業目的考慮，而非着眼於殖民。

第三，中國政府不承認香港是殖民地。1972 年 3 月，剛在聯合國恢復合法席位的中華人民共和國政府即致信聯合國非殖民化特別委員會，表明中方反對將香港、澳門列入聯合國《關於准許殖民地國家及民族獨立之宣言》中的殖民地名單，要求聯合國刪除的態度。1972 年 11 月 8 日，聯合國大會通過第 2908 號決議，將香港和澳門從聯合國的殖民地名單中剔除，徹底取消了香港作為殖民地的國際法依據。因此，儘管習慣上經常將英國在香港的統治稱為殖民統治，但香港在法律上不屬於「殖民地」，這一點是非常明確的。

30 為甚麼說「一國兩制」構想的實施是中國內政？

因為香港的主權始終都屬於中國。1997 年 7 月 1 日之後，中國恢復對香港行使主權，「一國兩制」的構想也正式付諸實施。雖然中央人民政府授權香港特別行政區實行「港人治港」，高度自治，不干預國防和外交事務之外的香港內部管治事務，但中央仍然對香港擁有全面管治權。「一國兩制」構想的實施是中國的內政。

31　為解決香港問題，中英兩國簽署了哪份國際文件？

1984 年 12 月 19 日，中英兩國政府經過 22 輪談判後，在北京正式簽署《中英聯合聲明》，確認中華人民共和國政府於 1997 年 7 月 1 日對香港恢復行使主權。1985 年 5 月 27 日，中英兩國互換批准書，《聯合聲明》隨即生效。1985 年 6 月 12 日，中英兩國政府將《聯合聲明》送交聯合國登記。

32　「一國兩制」強調哪兩個「不變」？

「一國兩制」作為基本國策將長期維持不變。這需要強調兩個「不變」，即中國內地的社會主義制度不變和香港的資本主義制度不變。而所謂的「不變」不單取決於香港，更取決於內地。因為回歸之後香港的社會制度和生活方式保持長期不變，是建立在中國內地社會主義制度長期不變的基礎上的。只要中國內地的社會主義制度保持長期不變和經濟發展，香港作為中國局部地區實施的資本主義制度長期不變及其穩定繁榮才有最可靠的保證。

33　「五十年不變」指的是甚麼？

「五十年不變」指的是中國政府恢復對香港行使主權以後，在香港實行資本主義制度和保持原有生活方式五十年不變。

34 「五十年不變」的條件是甚麼？

第一個前提是「兩個不變」，即內地的社會主義一制不變和香港的資本主義一制不變，前者不變是後者不變的基礎。正如鄧小平曾經講過的，內地的社會主義制度若是改變了，「香港的繁榮和穩定也會吹的。要真正能做到五十年不變、五十年後也不變，就要大陸這個社會主義制度不變」，其中的道理是不難明白的。

第二個條件用鄧小平的話歸納就是「兩個穩定」，一個是政局穩定，一個是政策穩定。如果國家發展大局面臨戰爭、動亂等重大風險挑戰，國家的大政方針難免發生變更，屆時不排除對香港的一些方針政策作出調整。對此，香港基本法在第十八條等條款中作出了相應的規定，道理同樣不難理解。

第三個條件，「五十年不變」所指的香港原有資本主義制度，指的是簽署《中英聯合聲明》以及制定基本法時期香港在實行的制度。以末代港督彭定康為代表的港英政府在中國政府頒佈基本法後，不顧中國政府反對，大幅度修改香港當時實行的政治法律制度。這是對「五十年不變」的公開破壞，而且也被歷史實踐證明了是不利於「一國兩制」實踐正常發展和香港特別行政區繁榮穩定的。

近年來，香港特別行政區選舉制度、維護國家安全制度等諸多政治法律制度發生的一系列變化，在一定意義上就是在總結經驗教訓的基礎上彌補、修繕曾被港英政府篡改的制度基礎，實現「五十年不變」的初心宗旨。

35 貫徹實施「一國兩制」、「港人治港」、高度自治的基本保證有哪些？

貫徹實施「一國兩制」、「港人治港」、高度自治的基本保證有三：

1. 國家主體，即實施社會主義制度的中國內地長期保持穩定；

2. 按照基本法辦事不動搖；

3. 堅持愛國者治港。

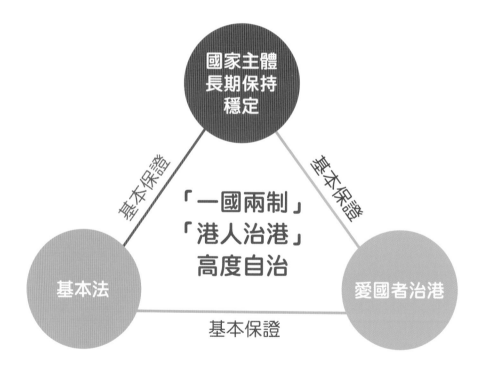

36 「一國兩制」在香港實踐至今，有哪些經驗和規律值得總結？

香港回歸祖國，開啟了香港歷史新紀元，香港特別行政區成立至今，「一國兩制」在香港總體上取得了巨大成就。實踐反覆證明，「一國兩制」是符合國家、民族根本利益，符合香港、澳門根本利益，得到全中國人民鼎力支持，得到香港、澳門居民一致擁護，也得到國際社會普遍贊同。

正因如此，中國共產黨和中國政府向世界莊嚴宣告，將長期堅持這樣的好制度。中央關於「一國兩制」的根本態度有兩點：一是要堅定不移，確保「一國兩制」方針不會變、不動搖；二是要全面準確，確保「一國兩制」實踐不走樣、不變形。「一國兩制」的根本宗旨是維護國家主權、安全、發展利益，保持香港、澳門長期繁榮穩定。

「一國兩制」在香港的豐富實踐留下了很多寶貴經驗，也留下了不少深刻啟示。對於香港實踐「一國兩制」的重要規律，習近平主席 2022 年 7 月 1 日在慶祝香港回歸祖國 25 週年大會暨香港特別行政區第六屆政府就職典禮上的講話中進行了全面總結概括，現原文摘錄如下：

第一，必須全面準確貫徹「一國兩制」方針。「一國兩制」方針是一個完整的體系。維護國家主權、安全、發展利益是「一國兩制」方針的最高原則，在這個前提下，香港、澳門保持原有的資本主義制度長期不變，享有高度自治權。社會主義制度是中華人民共和國的根本制度，中國共產黨領導是中國特色社會主義最本質的特徵，特別行政區所有居民應該自覺尊重和維護國家的根本制度。全面準確貫徹「一國兩制」方針將為香港、澳門創造無限廣闊的發展空間。「一國」原則愈堅固，「兩制」優勢愈彰顯。

第二，必須堅持中央全面管治權和保障特別行政區高度自治權相統一。香港回歸祖國，重新納入國家治理體系，建立起以「一國兩制」方針為根本遵循的特別行政區憲制秩序。中央政府對特別行政區擁有全面管治權，這是特別行政區高度自治權的源頭，同時中央充分尊重和堅定維護特別行政區依法享有的高度自治權。落實中央全面管治權和保障特別行政區高度自治權是統一銜接的，也只有做到這一點，才能夠把特別行政區治理好。特別行政區堅持實行行政主導體制，行政、立法、司法機關依照基本法和相關法律履行職責，行政機關和立法機關既互相制衡又互相配合，司法機關依法獨立行使審判權。

第三，必須落實「愛國者治港」。政權必須掌握在愛國者手中，這是世界通行的政治法則。世界上沒有一個國家、一個地區的人民會允許不愛國甚至賣國、叛國的勢力和人物掌握政權。把香港特別行政區管治權牢牢掌握在愛國者手中，這是保證香港長治久安的必然要求，任何時候都不能動搖。守護好管治權，就是守護香港繁榮穩定，守護七百多萬香港居民的切身利益。

第四，必須保持香港的獨特地位和優勢。中央處理香港事務，從來都從戰略和全域高度加以考量，從來都以國家和香港的根本利益、長遠利益為出發點和落腳點。香港的根本利益同國家的根本利益是一致的，中央政府的心同香港同胞的心也是完全連通的。背靠祖國、聯通世界，這是香港得天獨厚的顯著優勢，香港居民很珍視，中央同樣很珍視。中央政府完全支持香港長期保持獨特地位和優勢，鞏固國際金融、航運、貿易中心地位，維護自由開放規範的營商環境，保持普通法制度，拓展暢通便捷的國際聯繫。中央相信，在全面建設社會主義現代化國家、實現中華民族偉大復興的歷史進程中，香港必將作出重大貢獻。

認識基本法

37 香港特別行政區的法律地位是甚麼？

香港基本法第十二條規定：「香港特別行政區是中華人民共和國的一個享有高度自治權的地方行政區域，直轄於中央人民政府。」香港特別行政區的法律地位同中國其他省級地方行政區域類同，在中央政府之下。

38 制定香港基本法的目的和意義是甚麼？

中國政府在 1984 年 12 月簽署的《中英聯合聲明》中明確表明「關於中華人民共和國對香港的上述基本方針政策和本聯合聲明附件一對上述基本方針政策的具體說明，中華人民共和國全國人民代表大會將以中華人民共和國香港特別行政區基本法規定之，並在五十年內不變」。據此而言，制定香港基本法是為兌現上述莊嚴聲明，旨在將中央對港基本方針政策以國家法律的形式予以制度化和規範化，就「一國兩制」在香港特別行政區的實現作出全面規定，並通過法律的強制力保障實施。

關於制定香港基本法的意義，鄧小平在 1990 年會見香港特別行政區基本法起草委員會委員時講到，基本法是「一部具有歷史意義和國際意義的法律。說它具有歷史意義，不只對過去、現在，而且包括將來；說國際意義，不只對第三世界，而且對全人類都具有長遠意義。這是一個具有創造性的傑作」。實踐證明，制定香港基本法對於確保香港特別行政區的順利成立和發展，對於保持香港社會的長期繁榮穩定，對於國家解決澳門問題以及台灣問題，都具有重要意義。

39　香港基本法的起草過程是怎樣的？

負責起草基本法的委員會，成員包括了香港和內地人士。而在 1985 年成立的基本法諮詢委員會，成員則全屬香港人士，他們負責在香港徵求公眾對基本法草案的意見。

1988 年 4 月，基本法起草委員會公佈首份草案，基本法諮詢委員會隨即進行為期 5 個月的諮詢公眾工作。第二份草案在 1989 年 2 月公佈，諮詢工作則在 1989 年 10 月結束。基本法連同香港特別行政區區旗和區徽圖案，由全國人民代表大會於 1990 年 4 月 4 日正式頒佈。

40　基本法需要解釋和修改時，應當由哪一個機構來處理？

基本法的解釋權屬於全國人民代表大會常務委員會。全國人大常委會授權香港特別行政區法院在審理案件時對基本法關於特區自治範圍內的條款自行解釋。但需注意的是，香港特別行政區法院在審理案件時如需對基本法關於中央人民政府管理的事務或中央和香港特別行政區關係的條款進行解釋，而該條款的解釋又影響到案件的判決，在對該案件作出不可上訴的終局判決前則應通過終審法院提請全國人大常委會對有關條款作出解釋。如全國人大常委會作出解釋，香港特別行政區法院在引用該條款時應當以全國人大常委會的解釋為準。

基本法的修改權屬於全國人民代表大會。修改基本法的提案權屬於全國人大常委會、國務院和香港特別行政區。其中，香港特別行政區的修改議案須經香港特別行政區的全國人民代表大會代表三分之二多數、香港特別行政區立法會全體議員三分之二多數和香港

特別行政區行政長官同意後，交由香港特別行政區出席全國人民代表大會的代表團向全國人民代表大會提出。基本法的修改議案在列入全國人民代表大會議程前，要先由香港特別行政區基本法委員會研究並提出意見。同樣需要注意的是，基本法的修改不得同中華人民共和國對香港既定的基本方針政策相抵觸。

41 香港基本法委員會有哪些成員？

香港特別行政區基本法委員會由 12 名委員組成，內地和香港委員各 6 人，任期 5 年。所有委員均由全國人民代表大會常務委員會任命。其中，香港委員由香港特別行政區行政長官、立法會主席和終審法院首席法官聯合提名，報全國人民代表大會常務委員會任命。

42 基本法與香港特別行政區的其他法律之間是甚麼關係？

基本法是特區的基本法律，其內容和條文帶有不容置疑的權威性，特區的其他法律不可抵觸基本法的內容條文。維護基本法崇高地位，不折不扣地實施基本法，是香港實行「一國兩制」、「港人治港」、高度自治的根本保證，也是香港長期繁榮穩定的基本保證。

關於基本法與香港特別行政區的其他法律之間的關係，基本法有以下規定：

1. 香港原有法律，即普通法、衡平法、條例、附屬立法和習慣法，除同基本法相抵觸或經香港特別行政區的立法機關作出修改者外，予以保留（香港基本法第八條）。

2. 香港特別行政區立法機關制定的任何法律，均不得同基本法相抵觸（香港基本法第十一條第二款）。

3. 香港特別行政區立法機關制定的法律若其中含有不符合基本法關於中央管理的事務及中央和香港特別行政區的關係的條款，全國人民代表大會常務委員會可將有關法律發回，但不作修改，使之立即失效（香港基本法第十七條第三款）。

4. 香港特別行政區成立時，香港原有法律除由全國人民代表大會常務委員會宣布為同基本法抵觸者外，採用為香港特別行政區法律，如以後發現有的法律與基本法抵觸，可依照本法規定的程序修改或停止生效（香港基本法第一百六十條第一款）。

▲《中華人民共和國憲法》和《中華人民共和國香港特別行政區基本法》

43　香港特別行政區的代表可以參加全國人大會議嗎？

可以。香港特別行政區全國人民代表大會代表可以組成全國人民代表大會香港特別行政區代表團參與全國人大會議。

處理港澳事務的中央機構與中央政府駐港機構

44 國務院港澳辦／中央港澳辦是甚麼機構，有甚麼職責？

國務院港澳事務辦公室（國務院港澳辦）是中央人民政府負責港澳事務的辦事機構。國務院港澳辦成立於 1978 年，當時的名稱為國務院港澳辦公室，1993 年更名為國務院港澳事務辦公室。

2023 年 3 月，中共中央、國務院印發了《黨和國家機構改革方案》，其中明確提出在國務院港澳事務辦公室的基礎上組建中共中央港澳工作辦公室（中央港澳辦），作為黨中央辦事機構，承擔在貫徹「一國兩制」方針、落實中央全面管治權、依法治港治澳、維護國家安全、保障民生福祉、支持港澳融入國家發展大局等方面的調查研究、統籌協調、督促落實職責；不再保留單設的國務院港澳事務辦公室機構，保留國務院港澳事務辦公室牌子。據此，國務院港澳辦的相關職責由新組建的中央港澳工作辦公室承擔。其主要職責有十一點：

1. 貫徹執行「一國兩制」、「港人治港」、「澳人治澳」、高度自治方針，堅持依法治港治澳，執行憲法和香港特別行政區基本法、澳門特別行政區基本法，落實「愛國者治港」、「愛國者治澳」原則，維護國家主權、安全、發展利益，促進港澳長期繁榮穩定。

2. 加強港澳工作的統籌協調、督促落實，組織開展對重大問題的調查研究，提出政策建議。

3. 組織研究起草涉港澳有關法律法規草案並提出立法建議，就基本法等涉港澳重要法律實施涉及的相關法律問題研究提出意見。

4. 支持特別行政區行政長官和特別行政區政府依法施政，推動建立完善特別行政區同憲法、基本法實施相關的制度和機制。

5. 研究提出健全特別行政區行政長官對中央政府負責的制度、完善中央對特別行政區行政長官和主要官員的任免制度和機制的措施建議。

6. 協調有關部門研究擬訂支持港澳發展經濟、保障民生福祉等方面的政策建議並推動落實。

7. 組織落實特別行政區維護國家安全的法律制度和執行機制工作。

8. 協調涉港澳宣傳工作，依法管理港澳新聞機構駐內地記者站和記者。

9. 協助特別行政區加強憲法和基本法以及國家安全法教育、國情教育、中國歷史和中華文化教育，增強港澳社會的國家意識和愛國精神。

10. 負責內地與特別行政區政府和特別行政區行政長官的官方交往和工作聯繫，協調推動有關部門和地方加強與港澳交流合作，指導和管理內地與港澳因公往來有關事務。對中央駐港澳機構提出的有關事宜提供意見、建議和工作協助。

11. 完成黨中央交辦的其他任務。

45 香港中聯辦是甚麼機構，有甚麼職能？

中央人民政府駐香港特別行政區聯絡辦公室，簡稱「中央政府駐港聯絡辦」或者「香港中聯辦」（在香港當地常常直接簡稱為「中聯辦」），是中央人民政府在香港特別行政區的派出機構。香港中聯辦的前身是 1947 年在港成立的新華通訊社香港分社（香港新華社）。1999 年 12 月，國務院決定將香港新華社更名為中央人民政府駐香港特別行政區聯絡辦公室（更名後，原香港新華社的新聞通訊業務，由新華社在香港特別行政區註冊的新華通訊社香港特別行政區分社承擔），承擔以下幾方面職責：

1. 聯繫外交部駐香港特別行政區特派員公署和中國人民解放軍駐香港部隊；

2. 聯繫並協助內地有關部門管理在港的中資機構；

3. 促進香港與內地之間的經濟、教育、科學、文化、體育等領域的交流與合作，聯繫香港社會各界人士，增進內地與香港之間的交往，反映香港居民對內地的意見；

4. 處理有關涉台事務；

5. 承辦中央人民政府交辦的其他事項。

46   外交部駐港公署是甚麼機構，有甚麼職能？

中華人民共和國外交部駐香港特別行政區特派員公署，簡稱為「外交部駐港特派員公署」或者「外交部駐港公署」，是外交部根據香港基本法在港設立的、負責處理與香港特別行政區有關的外交事務的機構。外交部駐港公署負責處理由中央人民政府管理的與香港特別行政區有關的外交事務，協助香港特別行政區政府依照基本法或經授權自行處理有關對外事務，辦理中央人民政府和外交部交辦的其它事務。具體包括：

1. 協調處理香港特別行政區參加有關國際組織和國際會議事宜，協調處理國際組織和機構在香港特別行政區設立辦事機構問題，協調處理在香港特別行政區舉辦政府間國際會議事宜；

2. 處理有關國際公約在香港特別行政區的適用問題，協助辦理須由中央人民政府授權香港特別行政區與外國談判締結的雙邊協定的有關事宜；

3. 協調處理外國在香港特別行政區設立領事機構或其他官方、半官方機構的有關事宜；

4. 承辦外國國家航空器和外國軍艦訪問香港特別行政區等有關事宜。

47 駐港國安公署是甚麼機構，有甚麼職能？

中華人民共和國中央人民政府駐香港特別行政區維護國家安全公署，簡稱「中央駐港國安公署」、「駐港國安公署」或者「香港國安公署」，是根據《中華人民共和國香港特別行政區維護國家安全法》（香港國安法或港區國安法）在香港設立的維護國家安全機構，於 2020 年 7 月 8 日成立。

根據香港國安法第四十九條，駐港國安公署的職責為：分析研判香港特別行政區維護國家安全形勢，就維護國家安全重大戰略和重要政策提出意見和建議；監督、指導、協調、支持香港特別行政區履行維護國家安全的職責；收集分析國家安全情報信息；並按香港國安法在特定情形下依法辦理危害國家安全犯罪案件。

第三章

特區的高度自治體現在甚麼方面？

48 香港特別行政區實行的高度自治有哪些？

按照基本法規定，香港特別行政區高度自治權表現在享有行政管理權、立法權、獨立的司法權和終審權。除外交、國防由中央政府負責管理，特區事務由特區政府自行處理；香港特別行政區實行「港人治港」而非中央派人治理。

49 特別行政區的高度自治和國家主權之間有甚麼關係？

香港基本法第一條開宗明義指出：香港特別行政區是中華人民共和國不可分離的部分。第十二條規定：香港特別行政區是中華人民共和國的一個享有高度自治權的地方行政區域，直轄於中央人民政府。這些說明了中央擁有對香港特別行政區的主權，香港特別行政區的高度自治權是「一國」總架構下的高度自治，高度自治權是全國人民代表大會授予的，具有地方性質。在理解「一國兩制」時，「一國」是前提，這是首先應該明確的；離開了「一國」就談不上「兩制」，「兩制」就沒有保證。

50 特別行政區實行的高度自治有甚麼特點？

所謂「自治」，是指依法自行管理本地區的地方事務；我們說的高度自治，是從自治的程度上比較而言。香港特別行政區的高度自治可以從國內和國際兩個角度來看：從國內看，香港特別行政區所享有的自治權明顯多於我國實行民族區域自治制度的自治地區的自治權力；從國際分析，香港特別行政區的自治程度在很多方面比聯邦制國家的成員單位的自治權還要高。例如，香港特別行政區擁有自己的法定貨幣「港元」及其發行權，美國的各個州是沒有這樣的權力的。

51　如何理解香港、澳門特別行政區的高度自治？

正確理解香港和澳門特區的高度自治，準確行使高度自治權，應當把握好以下幾點：

1. 香港和澳門特區實行高度自治，旨在和平解決歷史遺留下來的香港問題和澳門問題、維護國家主權、安全和發展利益以及港澳地區的穩定和發展。特區自治權的行使，應當注意維護而不是偏離這一初衷和宗旨。

2. 香港、澳門特區的高度自治是授權性自治，其高度自治權不是香港、澳門固有的，更不是外國人留下來的，而是中央授予的。香港基本法第二條寫明是「全國人民代表大會授權香港特別行政區依照本法的規定實行高度自治」，澳門基本法第二條也有同類規定。中央授予多少權力，特別行政區就享有多少權力。

3. 香港、澳門特區的高度自治是法定的自治，其自治權有多少、有多「高」，不應當籠統而言或者是泛泛而談，要根據基本法的具體內容去認識和行使。

4. 香港、澳門特區的高度自治是地方性自治。高度自治不是完全自治，作為地方行政區域的特別行政區，行使高度自治權不能損害國家主權，不能以特別行政區高度自治權對抗中央全面管治權。

52 香港特別行政區的高度自治權與內地民族區域自治權的區別在哪裏？

二者的區別可以用以下的表格對比說明：

	香港特別行政區	內地民族自治地方
行政	行政機關人員均由本地居民組成，有廣泛的行政管理權。	由實行區域自治的民族的公民擔任當地政府主要負責人及人大常委會主任或者副主任。
法律	享有獨立的司法權和終審權，可以自行制定除國防、外交等隸屬中央管轄事務以外的其他法律，只需上報全國人大常委會備案。	根據本地實際情況貫徹執行國家法律，經批准後制定自治條例和單行條例。
經濟	有權自行制定貨幣金融政策，財政獨立，收入不上繳中央人民政府，中央亦不在香港特別行政區徵稅。	自主安排使用本地財政收入，自主安排管理本地經濟建設。
文化教育	可根據基本法自行制定文化教育政策、法律和相關標準。	自主安排管理本地文化教育事業，使用當地通用語言文字。
社會治安	特區可自行組織本地警務力量維護社會治安。	經國務院批准，可組織本地維護社會治安的公安部隊。
對外交往	除了涉及國家行為的外交事務，可以依照基本法自行安排一些對外交往活動。	按照國家法律政策，享有相應程度的對外經濟貿易權。

行政方面

53 香港特別行政區與內地的深圳、珠海、汕頭、廈門等經濟特區有甚麼區別？

　　香港特別行政區與內地的深圳、珠海、汕頭、廈門等經濟特區之間的區別主要體現在以下三個方面：

	香港特別行政區	內地經濟特區
社會制度　最重要！	實施「一國兩制」，當前的社會制度是資本主義制度。	實施社會主義制度。
自治層面	實行「港人治港」，高度自治。	不享有高度自治權。
權利方面	在行政、立法、司法、經濟、文化等方面都享有高度自治權。	只享有經濟方面的一些特殊政策。

54 中央人民政府保留了哪些和香港特別行政區有關的權力？

按照基本法的規定，中央人民政府保留了以下與香港特別行政區有關的權力：

1. 決定香港特別行政區的設立，立法規定其實行的制度；

2. 負責與香港特別行政區有關的外交事務、防務以及國家安全事務；

3. 解釋和修改基本法，包括基本法的三個附件；

4. 任命行政長官，並據其提議任免特區政府的主要官員，立法會如表決通過針對行政長官的彈劾案也須報中央政府決定；

5. 審查香港特別行政區立法機關制定並報備的法律，發回其中不符合基本法關於中央管理的事務及中央和香港特別行政區關係的法律，發回的法律立即失效；

6. 宣佈戰爭狀態或宣佈香港特別行政區進入緊急狀態；

7. 批准香港特別行政區政府請求，命令駐軍部隊協助其維持社會治安和救助災害；

8. 批准外國軍用船隻和外國國家航空器進入香港特別行政區；

9. 簽訂香港基本法第一百三十二條規定的、涉及香港特別行政區的民用航空運輸協定；

10. 決定國家締結的國際協議是否適用於香港特別行政區；

11. 批准外國在香港特別行政區設立領事機構或其他官方、半官方機構。

55　「一國兩制」下香港特別行政區實行的是甚麼樣的政治體制？

香港特別行政區在當地實行的是以「行政主導」為特徵的政治體制，香港特別行政區的行政與立法機關相互制衡、相互配合，司法獨立。行政長官是香港特別行政區的首長，向中央人民政府和香港特別行政區負責。「行政主導」是指以行政長官為首的行政機關在整個政權運作中處於主導性地位。行政機關在制訂公共政策、立法議程和政府運作上，處於主動和主導地位。

56　香港特別行政區政府的主要架構是怎樣的？

現今的香港特區政府主要架構可以概括為「三司十五局」。「三司」指的是政務司、律政司和財政司。「十五局」包括公務員事務局、政制及內地事務局、文化體育及旅遊局、教育局、環境及生態局、醫務衞生局、民政及青年事務局、勞工及福利局、保安局、商務及經濟發展局、發展局、財經事務及庫務局、房屋局、創新科技及工業局、運輸及物流局。除此之外還有些專門機構，例如廉政公署、申訴專員公署和法律援助署等，也屬於特區政府的組成部門。

香港特別行政區政府的主要架構關係見下頁示意圖。

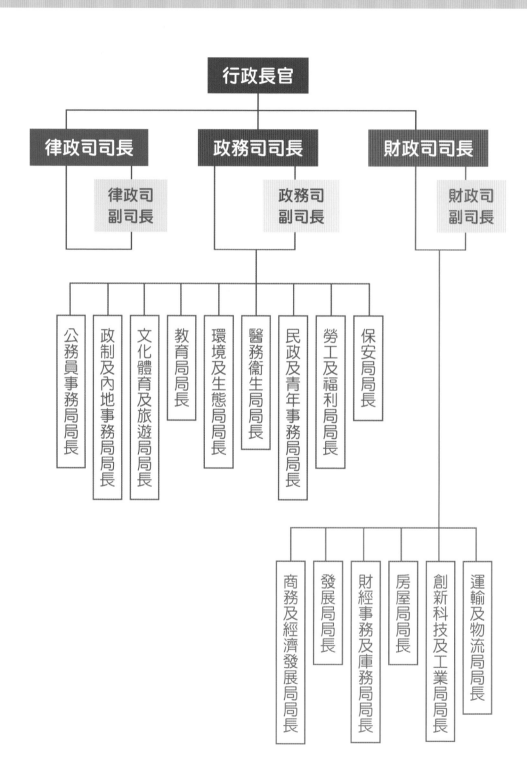

57　香港特別行政區行政長官是怎樣產生的？

根據香港基本法附件一，行政長官由一個具有廣泛代表性的選舉委員會根據基本法選出，由中央人民政府任命。根據香港基本法第四十六條，香港特別行政區行政長官的任期為 5 年。

根據全國人民代表大會 2021 年 3 月 11 日公佈的《全國人民代表大會關於完善香港特別行政區選舉制度的決定》（《決定》）：

1. 行政長官候選人須獲得選舉委員會不少於 188 名委員聯合提名，選舉委員會 5 個界別中每個界別參與提名的委員不少於 15 人；

2. 選舉委員會以一人一票無記名投票選出行政長官候任人，行政長官候任人須獲得選舉委員會全體委員過半數（即超過 750 名選委）支持。

58　為甚麼香港特別行政區政府的主要官員需要經過中央人民政府任命？

香港特別行政區政府的主要官員包括各司正副司長、各局局長、廉政專員、審計署署長、警務處處長、入境事務處處長和海關關長。這些官員由在港通常居住連續滿 15 年且無外國居留權的香港特別行政區永久性居民中的中國公民擔任。因為他們負責行政、決策、執行相關政策法律，且管理特區政府各部門的工作，在政府中地位重要。因此中央人民政府根據行政長官提名任命特區主要官員，是維護國家主權的表現，也是為了確保「港人治港」落到實處。

59　香港特別行政區行政會議是甚麼樣的機構？

　　香港特別行政區行政會議是協助行政長官決策的機構，其成員來自於特區行政機關的主要官員、立法會議員和社會人士，任免均由行政長官決定。行政會議成員的任期不超過委任他的行政長官的任期。

　　行政會議一般每週舉行一次會議，由行政長官主持；行政會議成員均以個人身份提出意見，但行政會議所有決議均屬集體決議。根據基本法，行政長官在作出重要決策、向立法會提交法案、制定附屬法規和解散立法會前，必須徵詢行政會議的意見。行政長官如不採納行政會議多數成員的意見，應將具體理由記錄在案。但在人事任免、紀律制裁和緊急情況下採取措施的事宜上，行政長官則無須徵詢行政會議。

60　中央人民政府的部門可以直接領導香港特別行政區政府的相應部門嗎？

　　由於香港特別行政區實行「港人治港」，高度自治，因此中央人民政府所屬各部門和特區政府相應部門不存在隸屬關係，不直接領導香港特別行政區政府相應部門，特區政府各部門以及各級公務人員，也不用向中央人民政府相應部門匯報工作。內地各級政府機關也不能干預香港特別行政區根據基本法自行管理的事務。

61　區議會是怎樣的組織？

　　香港基本法第九十七條規定：「香港特別行政區可設立非政權性的區域組織，接受香港特別行政區政府就有關地區管理和其他事務的諮詢，或負責提供文化、康樂、環境衞生等服務。」區議會是根據上述規定成立的地區服務性組織。儘管名稱中帶有「議會」二字，區議會並不具備議會機構的一般職權，例如制定法律和審批政府公共開支，而是服務基層、專注民生的非政權機構。香港特別行政區現有 18 個區議會，470 個區議員議席。

香港 18 區區議會的標誌

62　甚麼是「愛國者治港」?

「愛國者治港」指的是香港回歸祖國後應由愛國者來治理,香港特別行政區的政權要掌握在愛國者手中,特別是在特區政權架構中,身處重要崗位、掌握重要權力、肩負重要管治責任的人,必須是堅定的愛國者。鄧小平早就明確提出,「港人治港有個界線和標準,就是必須由以愛國者為主體的港人治理香港」。「愛國者治港」是「一國兩制」的應有之義,是在香港特別行政區實行「港人治港」的最基本標準,也是香港特別行政區正確行使高度自治權的必然要求。

經濟方面

63　香港特別行政區的財政收入需要上繳中央政府嗎?

按照基本法規定,香港回歸之後保持財政獨立。香港全部財政收入都用於自身需要,不上繳中央人民政府。中央政府也不會在香港徵稅。

64　香港特別行政區和其他國家或地區發生貿易糾紛時怎麼辦?

香港特別行政區可以請求中央協助,中央政府根據請求的具體情況進行處理。

65 **為甚麼說香港經濟的良好發展是香港繁榮穩定的關鍵？**

因為經濟基礎是決定社會繁榮穩定的物質條件。只有推動香港經濟繼續良好發展，才能使香港居民安居樂業，保持香港的國際金融、貿易、航運的中心地位，從根本上推動香港社會繁榮穩定發展。

66 **香港特別行政區制定的政府財政預算案，首先在哪一個機構宣讀和表決？**

《香港政府財政預算案》由香港特別行政區政府財政司司長制訂，在每年 4 月 1 日政府財政年度開始前，由財政司司長在香港立法會宣讀，並且付諸表決；通過後再由行政長官簽署，送交中央人民政府備案。

67 **香港居民是否可以在內地任意使用港幣？內地居民是否可以在香港任意使用人民幣？**

人民幣和港幣分別是中國內地與香港特別行政區的法定貨幣，分別在法律規定的流通範圍內流通。但它們二者不能在兩地任意流通，港幣在內地，以及人民幣在香港，都被視作外幣。因此，無論是香港居民前往內地，還是內地居民來到香港，都需要依法使用貨幣。

▲ 人民幣　　　　　　　　　　　▲ 港幣

立法與司法方面

68 香港特別行政區立法會是怎樣的機構？

香港特別行政區立法會是香港特別行政區的立法機關。立法會由選舉產生，每屆任期 4 年。從 2022 年 1 月 1 日開始任期的特區第七屆立法會起，立法會由 90 名議員組成，包括通過選舉委員會選舉產生的議員 40 人、通過功能界別選舉產生的議員 30 人和通過分區直接選舉產生的議員 20 人。

‖ 立法會成員構成 ‖

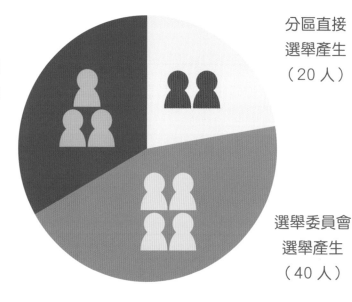

功能界別
選舉產生
（30 人）

分區直接
選舉產生
（20 人）

選舉委員會
選舉產生
（40 人）

69 香港特別行政區適用全國性的法律嗎？

根據香港基本法第十八條的有關條款，全國性法律如在香港特別行政區實施，須滿足以下條件：應是屬於香港特別行政區非自治範圍的法律；應列入基本法附件三：《在香港特別行政區實施的全國性法律》；列入附件三後，應由香港特別行政區在當地公佈實施或者立法實施；全國人民代表大會常務委員會在徵詢其所屬的香港特別行政區基本法委員會和香港特別行政區政府的意見後，可對列於附件三的法律作出增減。此外，當全國人大常委會決定宣佈戰爭狀態，或因特區內發生特區政府不能控制的危及國家統一或安全的動亂而決定特區進入緊急狀態，中央人民政府可發佈命令將有關全國性法律在特區實施。

70 全國人大與特區的法制和立法事務有甚麼關係？

作為國家立法機關和香港特別行政區的立法機關，依照「一國兩制」原則，全國人大及其常設機構人大常委會與特區的法制及有關立法事務有着密切聯繫。

1.　香港基本法第二條規定全國人大授權特區依照基本法規定實行高度自治，享有行政管理權、立法權、獨立的司法權和終審權。

2.　按照香港基本法第一百六十條，全國人大常委會決定和宣佈香港回歸前原有的法律，除與基本法抵觸者外，可以被採納為香港特別行政區法律，如以後發現有的法律與基本法抵觸，可依照基本法規定的程序修改或停止生效。

3. 根據香港基本法第十七條，特區立法機關制定的法律需要上報全國人大常委會備案。

4. 根據香港基本法第十七條，全國人大常委會對特區立法機關制定的不符合關於中央管理事務及中央和特區關係的條款，可發回但不作修改，使之立即失效。

5. 按照香港基本法第十八條，全國人大常委會可以對基本法附件三《在香港特別行政區實施的全國性法律》作出增減。

71 「一國兩制」下香港特別行政區擁有終審權有甚麼意義？

在港英統治時期，香港是沒有終審法院的，它的終審權掌握在英國樞密院司法委員會手中。回歸之後，全國人民代表大會授予香港特別行政區終審權，成立終審法院，成為香港特別行政區最高的上訴法院。終審法院在本地完成案件的最終審級，不須上訴至中華人民共和國最高人民法院，最高人民法院與特區終審法院之間也沒有隸屬關係。這證明了中國政府為了維護香港特別行政區「一國兩制」方針，實施高度自治，做出了創舉性的特殊安排。

72 「港人治港」有甚麼界線和標準？

「港人治港」的界線和標準，就是必須以愛國者為主體的香港居民來治理香港。

73 香港特別行政區有哪些司法機構？

　　按照香港基本法，香港特別行政區各級法院是香港特別行政區的司法機構，行使審判權。香港特別行政區的司法機構包括終審法院、高等法院、區域法院、裁判法院和其他專門法庭。高等法院設有上訴法庭和原訟法庭。

香港的法院類型		
終審法院		根據《香港終審法院條例》及其他法例所賦予的權力，依法審理來自高等法院的民事和刑事上訴案件。
高等法院	上訴法庭	審理來自原訟法庭和區域法院移交的刑事和民事上訴案件，以及競爭事務審裁處和土地審裁處的上訴案件，並就其他較低級別法院所提交的各種法律問題作出裁決。
	原訟法庭	刑事司法權方面，原訟法庭可以審理任何刑事與民事案件，包括最嚴重的謀殺、誤殺、強姦、持械行劫等刑事罪行，案件通常設陪審團在公開法庭進行審訊。上訴權方面，原訟法庭也可以審理來自裁判法院、勞資審裁處、小額錢債審裁處、淫褻物品審裁處及小額薪酬索償仲裁處的上訴案件。
區域法院 （包括家事法庭）		可審理除謀殺、誤殺和強姦外的所有嚴重刑事案件，判罰上限為監禁 7 年；民事審判只可審理涉及款項 7 萬 5 千元港幣至 300 萬元港幣的案件；婚姻訴訟與領養申請在家事法庭處理。

香港的法院類型（續）	
裁判法院	可審理多種刑事可公訴罪行與簡易程序罪行，較嚴重的可公訴罪行要移交區域法院或高等法院審理。裁判法院的最高刑罰一般為監禁 2 年和罰款 10 萬元。
其他法院	死因裁判法庭、少年法庭、土地審裁處、勞資審裁處等。

軍事與外交

74　解放軍駐港部隊有哪些職責？

　　按照《中華人民共和國香港特別行政區駐軍法》的規定，中國人民解放軍駐香港部隊（解放軍駐港部隊）履行下列防務職責：防備和抵抗侵略，保衛香港特別行政區的安全；擔負防衛勤務；管理軍事設施；承辦有關的涉外軍事事宜。除此之外，遇到非常時刻，包括全國人大常委會決定宣佈戰爭狀態或者決定香港特別行政區進入緊急狀態，香港駐軍屆時將根據中央政府決定在港實施的全國性法律而履行其他職責。

▲ 解放軍駐港部隊臂章

75 香港居民是否可以報名加入駐港部隊或解放軍?

駐港部隊是國家行使主權的具體體現,根據基本法,國防事務不屬於香港自治事務,解放軍駐港部隊由中央負責,因此不在香港徵召士兵。另外按照基本法規定,全國性法律除了列於基本法附件三之外,不在香港特別行政區實行。因此中國內地的兵役法不適用於香港,解放軍不會在香港徵兵。

76 香港運動員參加奧運會等國際賽事,是和內地運動員在同一支代表隊比賽嗎?

不。香港基本法第一百四十九條及第一百五十一條規定,香港的體育團體或組織可以「中國香港」的名義,參與國際活動和比賽。

77 為甚麼中央人民政府負責處理特區的外交事務？

因為外交指的是主權國家為實行其對外政策，由國家元首、政府首腦、外交部、外交代表機關等進行的訪問、談判、交涉、發出外交文件、締結條約、參加國際會議和國際組織等方面的對外活動。因此中國作為一個獨立的主權國家，其外交事務應當由中央人民政府統一管理。香港基本法第十三條規定，中央人民政府負責管理與香港特別行政區有關的外交事務，中華人民共和國外交部在香港設立辦事機構，以便就近處理有關的外交事務。因此中央人民政府負責處理香港特別行政區的外交事務，是中國恢復對香港行使主權的重要標誌。

第四章

香港居民根據基本法享有哪些權利和義務？

78 怎樣才算是香港永久性居民？永久性居民和非永久性居民有甚麼區別？

香港特別行政區居民，簡稱香港居民，包括永久性居民和非永久性居民。

香港特別行政區永久性居民包括：

1. 在香港特別行政區成立以前或以後在香港出生的中國公民；

2. 在香港特別行政區成立以前或以後在香港通常居住連續 7 年以上的中國公民；

3. 第一、二兩項所列居民在香港以外所生的中國籍子女；

4. 在香港特別行政區成立以前或以後持有效旅行證件進入香港、在香港通常居住連續 7 年以上並以香港為永久居住地的非中國籍的人；

5. 在香港特別行政區成立以前或以後第四項所列居民在香港所生的未滿 21 週歲的子女；

6. 第一至五項所列居民以外在香港特別行政區成立以前只在香港有居留權的人。

以上居民在香港特別行政區享有居留權和有資格依照香港特別行政區法律取得載明其居留權的永久性居民身份證。

香港特別行政區非永久性居民為：有資格依照香港特別行政區法律取得香港居民身份證，但沒有居留權的人。

79　香港居民中哪些人可以持有香港特別行政區護照？

　　香港基本法第一百五十四條規定：中央人民政府授權香港特別行政區政府依照法律給持有香港特別行政區永久性居民身份證的中國公民簽發中華人民共和國香港特別行政區護照，給在香港特別行政區的其他合法居留者簽發中華人民共和國香港特別行政區的其他旅行證件。上述護照和證件，前往各國和各地區有效，並載明持有人有返回香港特別行政區的權利。

80　在香港生活的哪些人可以登記成為選民？

　　根據香港基本法第二十六條：香港特別行政區永久性居民依法享有選舉權和被選舉權。在香港，選民登記屬自願性質，特區選舉法中也有訂明選民登記的資格和流程等事宜。符合資格的個人或團體可申請登記成為地方選區選民、功能界別選民，及／或選舉委員會界別分組投票人，並在相應的公共選舉中投票。

地方選區選民登記資格

1.　是香港特別行政區護照條例（第五百三十九章）中所指的香港特別行政區永久性居民；

2.　通常在香港居住；

3.　已年滿 18 歲或在隨着提出申請後的首個 9 月 25 日或之前滿 18 歲；

4.　持有身份證明文件，如香港永久性居民身份證；

5.　沒有喪失登記為選民的資格。

功能界別選民登記資格

1. 符合《立法會條例》第五百四十二章中相關功能界別的登記資格；

2. 個人選民：須已登記為地方選區選民，或符合資格登記為地方選區選民並已作出如此登記；團體選民：必須由管治單位委任獲授權代表以在選舉中投下該團體的選票；

3. 沒有喪失登記為選民的資格。

選舉委員會界別分組投票人登記資格

1. 符合《行政長官選舉條例》第五百六十九章附表中相關選舉委員會界別分組的登記資格；

2. 個人投票人：須已登記為地方選區選民，或符合資格登記為地方選區選民並已作出如此登記；團體投票人：必須由管治單位委任獲授權代表以在選舉中投下該團體的選票；

3. 沒有喪失登記為投票人的資格。

81　為甚麼香港特別行政區政府的主要官員只能由香港特別行政區永久性居民中的中國公民擔任？

　　這樣做體現了國家主權，也符合「港人治港」的原則。香港特區政府主要官員包括：各司司長、副司長，各局局長，廉政專員，審計署署長，警務處處長，入境事務處處長，海關關長，他們只能由在香港通常居住連續滿 15 年並在外國無居留權的香港特別行政區永久性居民中的中國公民擔任，排除了外籍人士與中國內地官員擔任香港特別行政區主要官員的可能性，從制度上維護了國家主權，保證由香港人管理香港。

▲ 香港公務員宣誓擁護基本法，效忠特區政府，盡忠職守

82　居住在香港的外籍人士可以擔任香港公務員嗎？

　　基本法規定，除了主要官員以外，特區政府可以任用原香港公務人員中的外籍人士或持有香港特別行政區永久性居民身份證的外籍人士擔任各級公務人員，還可聘請外籍人士擔任政府顧問或專業技術支持人員，但這些人只能以個人身份受聘，對特區政府負責。

83　內地人在香港觸犯法律，以及香港居民在內地觸犯法律應該怎麼辦？

　　香港基本法第二十二條規定：中央各部門、各省、自治區、直轄市在香港特別行政區設立的一切機構及其人員均須遵守香港特別行政區的法律。香港基本法第四十二條又訂明：香港居民和在香港的其他人有遵守香港特別行政區實行的法律的義務。因此內地人在香港觸犯法律，就要承擔相應的法律責任。同理香港人在內地也應當遵守內地法律，觸犯法律者將承擔相應法律責任。

84　香港特別行政區政府可以自行制定發展中西醫藥和促進醫療衛生服務的政策嗎？

可以。香港基本法第一百三十八條規定：香港特別行政區政府自行制定發展中西醫藥和促進醫療衛生服務的政策。社會團體和私人可依法提供各種醫療衛生服務。

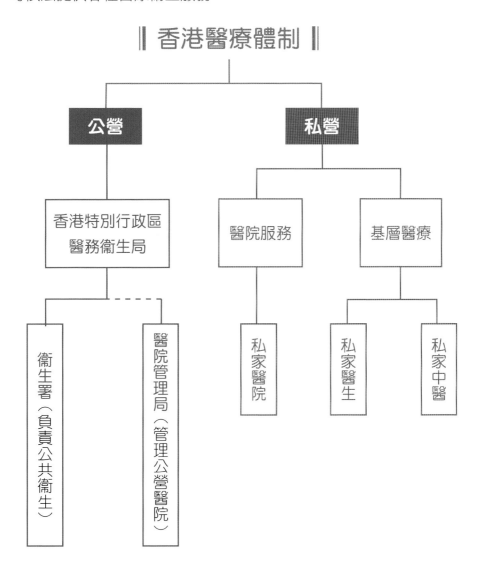

‖ 香港醫療體制 ‖

公營
　私營

香港特別行政區醫務衛生局

醫院服務　基層醫療

衛生署（負責公共衛生）

醫院管理局（管理公營醫院）

私家醫院

私家醫生

私家中醫

85　香港學生可以自由選擇在香港深造，或者報考內地及海外的大學和專業課程嗎？

可以。香港基本法第一百三十七條規定：學生享有選擇院校和在香港特別行政區以外求學的自由。

86　香港的專業資格評審制度是否要和內地相一致？回歸以前香港居民取得的英聯邦學歷與專業資格是否可以得到認可？

根據香港基本法第一百四十二條規定：香港特別行政區政府在保留原有的專業制度的基礎上，自行制定有關評審各種專業的執業資格的辦法。

在香港特別行政區成立前已取得專業和執業資格者，可依據有關規定和專業守則保留原有的資格。

香港特別行政區政府繼續承認在特別行政區成立前已承認的專業和專業團體，所承認的專業團體可自行審核和頒授專業資格。

87　香港商人去內地投資可以享受外資優惠嗎？

可以。香港投資者前往內地投資仍然相當於外資投資，享受外資投資的優惠，遵守外商投資的法律並依法納稅。

88　香港居民可以自由發表文藝作品嗎？

可以。香港基本法第三十四條規定香港居民有進行學術研究、文學藝術創作和其他文化活動的自由。

89　香港居民的宗教信仰自由是否有保障？

根據香港基本法第三十二條，香港居民有信仰的自由。香港居民有宗教信仰的自由，有公開傳教和舉行、參加宗教活動的自由。

根據香港基本法第一百四十一條，香港特別行政區政府不限制宗教信仰自由，不干預宗教組織的內部事務，不限制與香港特別行政區法律沒有抵觸的宗教活動。

90　香港回歸以後享有的公眾假期是否和內地一樣？

不完全一樣。香港和內地一樣將國慶、春節、中秋等節日設為公眾假期，但放假安排不一定與內地相同。同時，香港還有聖誕節等內地未設為公眾假期的節日。香港的節日與公眾假期分別是根據《公眾假期條例》和《僱傭條例》規定的。

91 香港居民可以自由前往國外旅行、工作、定居嗎？

可以。香港基本法第三十一條規定：香港居民有在香港特別行政區境內遷徙的自由，有移居其他國家和地區的自由。香港居民有旅行和出入境的自由。有效旅行證件的持有人，除非受到法律制止，可自由離開香港特別行政區，無需特別批准。

92 哪些國際公約在香港具有法律效力？

香港基本法第三十九條規定：《公民權利和政治權利國際公約》、《經濟、社會與文化權利的國際公約》和國際勞工公約適用於香港的有關規定繼續有效，通過香港特別行政區的法律予以實施。

另外根據香港基本法第一百五十三條，中國內地在香港回歸前已經締結的國際協議，中央人民政府可根據具體情況徵詢特區政府意見後決定是否適用於香港特別行政區。中國未參加的國際協議但已適用於香港，仍可以繼續適用。中央人民政府可以授權或協助特區政府作出適當安排，使其他有關國際協議適用於香港特別行政區。

第五章

「一國兩制」的新發展

93 香港基本法第二十三條的內容是甚麼？它的制定目的是甚麼？

香港基本法第二十三條規定：香港特別行政區應自行立法禁止任何叛國、分裂國家、煽動叛亂、顛覆中央人民政府及竊取國家機密的行為，禁止外國的政治性組織或團體在香港特別行政區進行政治活動，禁止香港特別行政區的政治性組織或團體與外國的政治性組織或團體建立聯繫。

制定香港基本法第二十三條的目的，就是為了更好地維護國家主權、統一和領土完整，維護香港的長期穩定和繁榮。

94 甚麼是國家安全？

根據《中華人民共和國國家安全法》第二條：國家安全是指國家政權、主權、統一和領土完整、人民福祉、經濟社會可持續發展和國家其他重大利益相對處於沒有危險和不受內外威脅的狀態，以及保障持續安全狀態的能力。

國家安全的 20 個重點領域

政治	軍事	國土	經濟	金融
文化	社會	科技	網絡	糧食
生態	資源	核	海外利益	太空
深海	極地	生物	人工智能	數據

95 為甚麼要制定香港國安法？

制定香港國安法的目的是維護國家安全，防範、制止和懲治與香港特別行政區有關的分裂國家、顛覆國家政權、組織實施恐怖活動和勾結外國或境外勢力危害國家安全的犯罪行為，保持香港特別行政區的繁榮和穩定，以及保障特區居民的合法權益。

▲ 香港國安法草案表決通過

96 香港國安法有哪幾方面的內容？

香港國安法共六十六條，分為六章，分別為：總則；香港特別行政區維護國家安全的職責和機構；罪行和處罰；案件管轄、法律適用和程序；中央人民政府駐香港特別行政區維護國家安全機構；以及附則。

香港國安法內容規定包含以下六方面內容：

1. 明確規定了中央人民政府對有關國家安全事務的根本責任和香港特別行政區維護國家安全的憲制責任；

2. 明確規定了香港特別行政區維護國家安全應當遵循的重要法治原則；

3. 明確規定了香港特別行政區維護國家安全相關機構的職責與活動的準則；

4. 明確規定了急需重點防範、制止和懲治的四類危害國家安全的罪行和處罰；

5. 明確規定了案件管轄、法律適用和程序；

6. 明確規定了中央人民政府駐港維護國家安全的機構。

97 香港國安法的法律條文反映出甚麼原則？

香港國安法確立了香港維護國家安全應堅持的三大類原則：

保護人權原則 香港國安法 第四條		尊重和保障人權，依法保護香港居民根據基本法、《公民權利和政治權利國際公約》和《經濟、社會與文化權利的國際公約》享有的權利和自由。
法治原則 香港國安法 第五條	罪刑法定原則	犯罪行為的界定及刑罰均事先由法律明文加以規定。
	無罪推定原則	任何人在被司法機關確定有罪之前應被當成無罪的人對待。
	保障公平審訊原則	犯罪嫌疑人、被告人和其他訴訟參與人依法享有辯護權和其他訴訟權利。
	一事不再審原則	任何人經司法程序被最終確定有罪或無罪的，不得就同一行為再予審判或者懲罰。
不具追溯力原則 香港國安法 第三十九條		香港國安法只適用於法律實施以後的行為。

98　香港國安法是否會影響到「一國兩制」的實施？

　　香港國安法旨在防範、制止和懲治極少數危害國家安全的違法分子，從而維護香港的繁榮穩定。香港國安法頒佈實施後，「一國兩制」方針依然保持不變，香港仍然實行資本主義制度，「港人治港」，高度自治，特區的法律制度以及各項自治權力也不會受到影響，因此不會影響到「一國兩制」的實施。

99　香港國安法頒佈以後，會影響香港居民的日常生活、基本權利和自由嗎？

　　香港居民依法享有的基本權利和自由不會因香港國安法頒佈受到限制。香港國安法充分尊重香港特別行政區獨立的司法權、終審權及核心價值。香港市民可繼續依法享有及行使言論、新聞、集會、示威、遊行等自由，也可如常進行國際交流、學術交流和自由營商活動。

▲ 市民擁護香港國安法

100 為甚麼香港居民要了解香港國安法？

因為國家安全是以國家利益至上作為準則的。國家安全關乎全國 14 億多人民的福祉，是安邦定國的重要基石。國泰方能安民，有國才有家。國家和平發展、社會安定繁榮、市民安居樂業，必然是世界各國人民最基本、最實在的共同願望。國家安全是全國人民根本利益所在。皮之不存，毛將焉附？當國家的核心利益，包括領土、主權、政權遇到危險，國家安全便受到威脅，人民安全亦無從談起。維護國家安全是每一個香港居民理所當然的基本責任。

根據香港國安法的規定，中央人民政府對香港特別行政區有關的國家安全事務負有根本責任，香港特別行政區負有維護國家安全的憲制責任、應當履行維護國家安全的職責，維護國家主權、統一和領土完整是包括香港同胞在內的全中國人民的共同義務。

101 為甚麼香港基本法附件中要加入關於國旗、國歌、國徽的相關條例？

國旗、國歌、國徽的相關條例，是香港基本法附件三《在香港特別行政區實施的全國性法律》的部分內容。國旗、國歌、國徽是憲法規定的國家象徵與標誌，香港特別行政區作為中華人民共和國的一部分，應當遵守相關條例，維護國家尊嚴，樹立正確的國家觀念，增強國家認同感。

102　《國歌條例》的生效，對實施「一國兩制」有何意義？

　　《國歌條例》於 2020 年 6 月 12 日在香港正式刊憲生效。這是一部為奏唱、保護及推廣國歌專門訂定的條文，以維護國歌的尊嚴、增強公民的國家觀念及弘揚愛國精神。國歌同國旗、國徽一樣，是憲法規定的國家象徵和標誌。維護國歌尊嚴，就是維護國家、民族和全體國人的尊嚴。第十二屆全國人民代表大會常務委員會在 2017 年 9 月 1 日通過《中華人民共和國國歌法》（下稱國歌法），並於同年 11 月 4 日將國歌法列入香港基本法附件三。根據香港基本法第十八條的規定，凡列於基本法附件三的全國性法律，由香港特別行政區在當地公佈或立法實施。考慮到香港的普通法法律制度，以及香港的實際情況，香港特別行政區政府決定以本地立法形式在香港實施國歌法。

103　香港哪些政府合署和建築物會展示國旗和國徽，以及區旗和區徽？

　　行政長官官邸、禮賓府、政府總部、香港特別行政區的口岸管制及檢查站、香港國際機場及金紫荊廣場，每日均展示國旗和區旗。每個工作日及國慶日（10 月 1 日）、香港特別行政區成立日（7 月 1 日）、勞動節（5 月 1 日）、元旦（1 月 1 日）、農曆年初一及國家憲法日（12 月 4 日）這六天，行政長官辦公室、行政會議、立法會、香港特別行政區法院、政府部門總部、主要政府綜合大樓和公共體育及文化場館等，也會懸掛國旗和區旗。

　　我們可以在行政長官辦公室、立法會、政府總部及前身為中區政府合署的律政中心見到國徽。在行政長官官邸、禮賓府、行政會議、立法會、政府總部、香港特別行政區法院、香港特別行政區的口岸管制及檢查站、香港國際機場及民政事務處等地點見到特區區徽。

104 香港在國家改革開放的進程中有甚麼作用和影響？

1978 年 12 月，以中共十一屆三中全會為標誌，我們國家開啟了改革開放的新歷史歷程。也就在這個時期，中英兩國政府開始就香港問題進行接觸和談判。改革開放從一開始就注入了香港元素，香港同胞是這一偉大歷史進程的見證者也是參與者，是受益者也是貢獻者。香港在改革開放中發揮的作用是開創性的、持續性的，影響也是深層次的、多領域的。習近平主席 2018 年會見香港、澳門訪京團時，將港、澳對國家改革開放的作用總結為六個方面：

1. 投資興業的龍頭作用。國家改革開放之初，港澳同胞率先回應，北上投資興業，創造了許多「全國第一」，如內地第一家合資企業、第一條合資高速公路、第一家外資銀行分行、第一家五星級合資飯店等，不僅為內地經濟發展注入了資金，而且起到了帶動作用，吸引國外投資紛至沓來。

2. 市場經濟的示範作用。改革開放之初，許多香港有識之士率先向內地介紹國際規則和有益經驗，香港很多了解國際市場、熟悉國際規則的專業人士扮演了「帶徒弟」的「師傅」角色，為內地企業改革、土地制度改革等提供諮詢意見，為內地市場經濟發展作出了重要貢獻。

3. 體制改革的助推作用。創辦經濟特區這一重大決策充分考慮了港、澳因素。1979 年，中共廣東省委向黨中央建議，發揮廣東鄰近港、澳的優勢，在對外開放上先走一步，在深圳、珠海和汕頭劃出一些地方搞貿易合作區。在經濟特區創辦過程中，從規劃到有關法律法規制定，再到各項事業興辦，都有港澳同胞參與和努力。

4. 雙向開放的橋樑作用。國家改革開放初期，港、澳利用自身優勢，為內地帶來了大量出口訂單。到上世紀 90 年代中期，香港 80% 以上的製造業轉移到珠三角等地，促進內地出口導向型製造業迅速發展，助推內地產業融入全球產業鏈，很多內地企業通過香港逐漸熟悉和適應國際市場。

5. 先行先試的試點作用。國家實行開放諸多政策中，有不少是對港、澳先行先試，積累經驗之後再逐步推廣。這既有助於國家對外開放的安全、穩步發展，也為港、澳發展提供了先機。比如，內地服務業市場開放，就是先在 CEPA 框架內基本實現廣東與香港、澳門服務貿易自由化。過往幾年推出的「滬港通」、「深港通」、「債券通」也是內地資本市場開放的重要一步，凸顯了香港在包括人民幣國際化等國家一系列金融領域開放舉措中，發揮着先行先試的重要作用。

6. 城市管理的借鑒作用。港、澳在城市建設和管理、公共服務等方面積累了比較豐富的經驗，是內地學習借鑒的近水樓台。比如北京、廣州、深圳的地鐵項目以及上海虹橋機場營運管理，都借鑒或引進了香港的先進經驗。內地通過學習借鑒港、澳先進做法和有益經驗，有力提升了內地城市建設和管理水平。

105 粵港澳大灣區的使命、原則和發展範疇是甚麼？

作為一項國家發展戰略，粵港澳大灣區發展規劃有兩個使命：

1. 新時代推動形成全面開放新格局的新嘗試；
2. 推動「一國兩制」事業發展的新實踐。

粵港澳大灣區發展過程遵循六個基本原則：

1. 創新驅動，改革引領；
2. 協調發展，統籌兼顧；
3. 綠色發展，保護生態；
4. 開放合作，互利共贏；
5. 共享發展，改善民生；
6. 「一國兩制」，依法辦事。

粵港澳大灣區發展目標涉及七個範疇：

1. 建設國際科技創新中心；
2. 加快基礎設施互聯互通；
3. 構建具有國際競爭力的現代產業體系；
4. 推進生態文明建設；
5. 建設宜居宜業宜遊的優質生活圈；
6. 緊密合作共同參與「一帶一路」建設；
7. 共建粵港澳合作發展平台。

106　粵港澳大灣區包括了哪些城市？其中哪些是核心城市？

　　粵港澳大灣區包括香港特別行政區、澳門特別行政區和廣東省的廣州市、深圳市、珠海市、佛山市、惠州市、東莞市、中山市、江門市、肇慶市。國家在 2019 年 2 月 18 日公佈的《粵港澳大灣區發展規劃綱要》將香港、澳門、廣州、深圳四大中心城市定位為粵港澳大灣區區域發展的核心引擎，明確提出發揮香港－深圳、廣州－佛山、澳門－珠海強強聯合所形成的極點引領帶動作用。

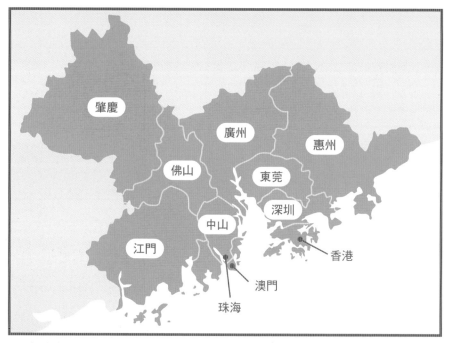

▲ 粵港澳大灣區城市範圍圖

107 發展粵港澳大灣區有甚麼意義？

打造粵港澳大灣區，建設世界級城市羣：

有利於豐富「一國兩制」實踐內涵，進一步密切內地與港澳交流合作，為港澳經濟社會發展以及港澳同胞到內地發展提供更多機會，保持港澳長期繁榮穩定；

有利於貫徹落實國家提出的新發展理念，為增強我國的經濟創新力和競爭力提供支撐；

有利於進一步深化改革、擴大開放，建立與國際接軌的開放型經濟新體制，建設高水平參與國際經濟合作新平台，特別是為我國提出的構築「絲綢之路經濟帶」和「21世紀海上絲綢之路」打造對接融匯的重要支撐點。

▲ 港珠澳大橋建成通車

108 融入粵港澳大灣區會不會影響「一國兩制」在香港的實施？

不會。香港作為大灣區內高度開放和國際化的城市，是國際金融、航運、貿易中心和航空樞紐，專業服務享譽全球，加上「一國兩制」的雙重優勢，在大灣區建設擔當重要角色，一方面促進和支持區內經濟發展，提升大灣區在國家雙向發展中的角色和功能，同時便利香港優勢產業在大灣區的發展，以香港所長，服務國家所需。

政制及內地事務局設立了粵港澳大灣區發展辦公室，並委任粵港澳大灣區發展專員落實有關工作。重點包括：建設國際科技創新中心、便利香港優勢產業落戶大灣區，以及通過政策創新突破和便利香港居民在大灣區學習、就業和生活的措施，在「一國兩制」的原則下，促進人流、物流、資金流、信息流，加強大灣區內城市互聯互通。

109 香港青年如何把握發展機遇投身大灣區建設？

香港特別行政區政府一直支持青年創新創業，期望香港青年能登高望遠，發掘在香港以外的機遇。粵港澳大灣區建設的歷史機遇，為香港青年拓寬視野、融入國家發展大局提供良好機會。

「大灣區青年就業計劃」由香港特別行政區政府在 2021 年初推出，旨在鼓勵和支持青年人到大灣區內地城市工作及發展事業，讓他們了解香港和大灣區內地城市的最新發展，投身大灣區建設，更好地融入國家發展。

　　為協助香港青年把握大灣區發展的機遇，香港特別行政區政府在「青年發展基金」下推出「粵港澳大灣區青年創業資助計劃」和「粵港澳大灣區創新創業基地體驗資助計劃」等計劃，資助香港非政府機構為在香港與大灣區內地城市創業的香港青年提供更到位的創業支援及孵化服務，包括落戶創業基地，以及進一步協助青年解決創業初期的資本需要。

▲ 支持大灣區青年，尤其是港澳青年創業的深圳前海深港青年夢工場

鳴謝

此書由　工銀亞洲慈善基金贊助出版，特此鳴謝。

ICBC
工银亚洲

工銀亞洲慈善基金
ICBC (Asia)
Charitable Foundation

最踴躍參與學校（首 20 間）

聖保祿學校

保良局李城璧中學

元朗公立中學校友會小學

聖母無玷聖心學校

世界龍岡學校黃耀南小學

保良局王賜豪（田心谷）小學

寶血會上智英文書院

聖保祿中學

中華基金中學

大角嘴天主教小學（海帆道）

大埔浸信會公立學校

何文田官立中學

保良局馬錦明中學

迦密愛禮信小學

香港教育工作者聯會黃楚標中學

般咸道官立小學

聖士提反堂中學

聖方濟各英文小學

嘉諾撒聖瑪利書院

九龍禮賢學校

責任編輯　楊歌　楊紫東

裝幀設計　鄧佩儀

排　版　鄧佩儀

印　務　劉漢舉

「一國兩制」百問百答

編著｜章銘 等

出版｜中華教育

香港北角英皇道 499 號北角工業大廈 1 樓 B 室

電話：(852) 2137 2338　傳真：(852) 2713 8202

電子郵件：info@chunghwabook.com.hk

網址：http://www.chunghwabook.com.hk

發行｜香港聯合書刊物流有限公司

香港新界荃灣德士古道 220-248 號荃灣工業中心 16 樓

電話：(852) 2150 2100　傳真：(852)2407 3062

電子郵件：info@suplogistics.com.hk

印刷｜泰業印刷有限公司

大埔工業邨大貴街 11 至 13 號

版次｜2023 年 11 月第 1 版第 1 次印刷

©2023 中華教育

規格｜16 開（230mm x 170mm）

ISBN｜978-988-8860-678